全家爱吃
快手健康营养餐

50道低卡饱腹
瘦身轻食
超级碗

U0175925

[法]基特希·帕克孙　编著

刘可澄　译

[法]A·让内特　摄影

中国农业出版社
CHINA AGRICULTURE PRESS
北京

图书在版编目（CIP）数据

50道低卡饱腹瘦身轻食超级碗 /（法）基特希·帕克
孙编著；刘可澄译. —北京：中国农业出版社，2020.7
（全家爱吃快手健康营养餐）
ISBN 978-7-109-26744-2

Ⅰ. ①5… Ⅱ. ①基… ②刘… Ⅲ. ①食谱 Ⅳ.
①TS972.12

中国版本图书馆CIP数据核字（2020）第054198号

Title: SUPERBOWLS - LES REPAS SANTE ET EQUILIBRES
By Quitterie Pasquesoone
Photographies: A. Jeannette
Series: Plaisir et vitamines
EAN 13: 9782035926517
© Larousse 2016
And the following reference for each published title:
Simplified Chinese edition arranged through DAKAI - L'AGENCE

本书中文版由法国拉鲁斯出版社授权中国农业出版社独家出版发行，本书内容的任何部分，事先
未经出版者书面许可，不得以任何方式或手段刊登。

合同登记号：图字 01-2019-6039 号

策　划：张丽四　王庆宁
编辑组：黄　曦　程　燕　丁瑞华　张　丽　刘昊阳　张　毓
翻　译：四川语言桥信息技术有限公司
排　版：北京八度出版服务机构

50道低卡饱腹瘦身轻食超级碗

50 DAO DIKA BAOFU SHOUSHEN QINGSHI CHAOJIWAN

中国农业出版社出版
地址：北京市朝阳区麦子店街 18 号楼
邮编：100125
责任编辑：王庆宁　　杜　然
责任校对：赵　硕
印刷：北京缤索印刷有限公司
版次：2020 年 7 月第 1 版
印次：2020 年 7 月北京第 1 次印刷
发行：新华书店北京发行所
开本：710mm×1000mm　1/16
印张：7.75
字数：125 千字
定价：49.80 元

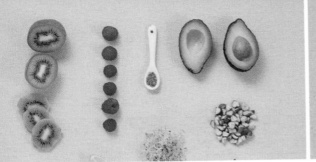

SOMMAIRE
目录 /

什么是轻食超级碗 **6**

轻食超级碗：美味瘦身 **7**

聚焦食材 **9**

超级食物 **11**

有机天然的轻食超级碗让您的饮食更健康 **12**

除了轻食超级碗，还有什么 **13**

早餐果昔碗
果园水果果昔碗 **16**

巧克力石榴果昔碗 **18**

粉色力量果昔碗 **20**

重返森林果昔碗 **22**

超级水果螺旋果昔碗 **24**

牛油果及奇异果温和果昔碗 **26**

非常巧克力果昔碗 **28**

粥式果昔碗 **30**

香蕉巧克力果昔碗 **32**

红色奶昔果昔碗 **34**

奇亚籽布丁果昔碗 **36**

英式早餐超级碗 **38**

零食果昔碗
全椰子果昔碗 **42**

草莓牛奶果昔碗 **44**

香蕉花生果昔碗 **46**

"花式"果昔碗 **48**

超级绿色果昔碗 **50**

夏末果昔碗 **52**

多种水果果昔碗 **54**

抹茶椰林果昔碗 **56**

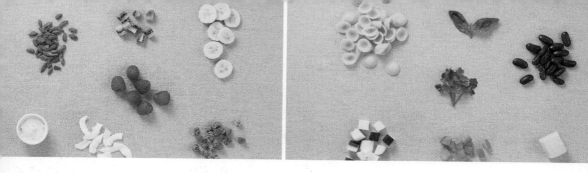

素食超级碗

藜麦超级碗 **60**

地中海风味超级碗 **62**

秋天的味道超级碗 **64**

鹰嘴豆力量超级碗 **66**

佛系超级碗 **68**

东方韵味超级碗 **70**

三色超级碗 **72**

蔬菜根茎超级碗 **74**

白鲸超级碗 **76**

阳光灿烂超级碗 **78**

养颜超级碗

白泷面排毒超级碗 **82**

羽衣甘蓝沙拉超级碗 **84**

柑橘超级碗 **86**

生食超级碗 **88**

非常新鲜超级碗 **90**

焗烤超级碗 **92**

排毒超级碗 **94**

清新超级碗 **96**

健康菠菜奶油超级碗 **98**

蛋糕超级碗 **100**

异域风情超级碗

叻沙酱超级碗 **104**

墨西哥黑豆超级碗 **106**

泰式超级碗 **108**

烤芝麻亚洲炒菜超级碗 **110**

日式海鲜饭超级碗 **112**

加州超级碗 **114**

黑米面条超级碗 **116**

越南牛肉檬粉式超级碗 **118**

鸡肉沙拉超级碗 **120**

颠倒超级碗 **122**

UN SUPERBOWL
C'EST QUOI?

什么是轻食超级碗

想要做一道营养全面又均衡、好看又美味的佳肴吗？轻食超级碗可以满足您！色彩丰富的轻食超级碗可甜可盐，是健康饮食者的绝佳选择。轻食超级碗可作早餐、午餐、晚餐或是零食享用。

轻食超级碗的益处

轻食超级碗混合了有着多种功效的食材：新鲜的蔬菜、富含维生素的水果、全谷物、豆类以及其他超级食材，包括芽菜以及有着惊人功效的香料。轻食超级碗能够为您提供必需的营养元素，让您的身体时刻保持营养均衡。轻食超级碗的制作方法简单，但美味无限……心动了吗？准备好尝试一下了吗？各就各位，预备……做起来！

必要的器材

在制作果昔碗时除了需要用到搅拌机之外，本书中的食谱不要求任何特殊的烹饪器具。

SUPERBOWLS :
ON SE MET L'EAU
À LA BOUCHE !

视觉观感在烹饪中十分重要：愉悦感往往始于双眼。
恰好，轻食超级碗正是因为有精心的摆盘，它看起来非常
上相！为了美观地呈现轻食超级碗，不如试试将食物摆放
在您最喜爱的餐具上吧！

选择色彩鲜艳的碗，纯色或者带有花纹都可以，搭配
颜色相衬的餐具及餐巾，再将它们一同摆放在好看的托盘
上。没有什么比这更让人食欲大开的了，这也让您的准备
工作充满了意义。

说到轻食超级碗自身的呈现形式，您当然可以从本书
的照片里汲取灵感，也可以发挥想象力，在您的作品上撒
上配料或者装饰性食材。您还可以更改食谱，加入一些香
草或香料，以制作与您气质相符的、独一无二的轻食超级
碗。可能性是无限的！当您精心制作轻食超级碗时，您也
正在享受着烹饪的乐趣！

轻食超级碗：
美味瘦身

7

ZOOM SUR
LES INGRÉDIENTS

为了让轻食超级碗能配得上这个名字，以下是我们会在本书中遇到的不完全食材清单。

聚焦食材

基础食材

这些食材是本书中所有轻食超级碗食谱的基础，是它们让食谱中的营养更为丰富。

新鲜的水果与蔬菜

这句话虽然已是老生常谈，但我们还是想说：营养均衡的饮食需从每天摄入新鲜的水果与蔬菜开始。恰好，轻食超级碗中含有大量的水果与蔬菜，您能在本书中所有的食谱里看到它们的身影。黑萝卜、羽衣甘蓝、石榴、牛油果……水果与蔬菜对健康极为有益！如果喜欢更为丰富的口感，可以选择新鲜且当季的蔬果。冬天避免选用草莓及西红柿，夏天可以优先选择桃子和杏。如果蔬果已经过季，或者您无法找到这些食材，您可以选择速冻蔬果，只要它们未经烹调即可。选用天然蔬果可以避免摄入对健康有害的化学添加剂。速冻食材可以在家制作，也能在外购买，它能让您在一年四季都能吃到想吃的蔬果。同时，请避免选择会改变食材本身味道的蔬果罐头。

谷物与豆类

　　小扁豆、藜麦、燕麦片、大麦、黑米……我们推荐大家有规律地摄入上述食材。为什么呢？因为它们含有对身体有益的植物蛋白。特别是当谷物与豆类一同食用时，它们甚至能够取代肉类以及鸡蛋。食用谷物与豆类让我们能够摄入充足的膳食纤维、矿物质以及多种维生素。这种组合在不少食谱中都有出现，以帮助我们吃得更均衡、更健康！

家禽、鱼类、海鲜以及鸡蛋

　　它们是补充动物蛋白的最佳食材。您也能在本书中找到以红肉为基础食材的食谱。虽然我们不建议过多食用红肉，但是也不是完全不吃，因为红肉中富含对健康十分重要的铁元素。

LES
SUPERALIMENTS

说起轻食超级碗，不得不提超级食物，本书中的食谱含有丰富多样的超级食物。

超级食物

油料作物

核桃、奇亚籽、榛子、杏仁、开心果、南瓜籽……它们含有优质的脂肪酸（尤其是欧米伽3）、植物蛋白质以及多种矿物质或微量元素，如能帮助人体抵抗压力的重要元素——镁元素。

干果

枸杞、葡萄干、杏干、椰子片、香蕉干等，这些营养丰富的干果能为人体提供大量的维生素及矿物质。比如杏干，其富含钾元素，且仅含少量钠元素，可以帮助我们避免水肿。所有干果都富含碳水化合物，非常适合运动员食用，干果可以帮助他们在运动中快速发力。

香料与香草

抗饥饿的肉桂，抗疲劳的生姜，抗上火及抗氧化的姜黄，富含维生素C的欧芹……每一种香料和新鲜的香草都含有不同的营养素，对构建健康均衡的身体机能有着重要作用。然而，我们建议避免使用粉末状的香草。您会在本书的食谱里遇见各种香料与香草，这会让您的愉悦感更多元化，这也是享受食材带来益处的最佳方式。

其他超级食物

富含镁元素的巧克力与苦可可粉，富含矿物质的螺旋藻及未经精制的粗糖，低升糖指数的龙舌兰糖浆，抗氧化的抹茶，以及抗疲劳的花粉……本书的食谱中巧妙地涵盖了多种超级食物，每一种都有着神奇的功效，不可错过，您即将感受到它们惊人的功效以及独特的味道。

DU BIO, DU SAIN,
POUR UN SUPERBOWL
TOUJOUS PLUS HEALTHY

有机天然的轻食超级碗 让您的饮食更健康

您会发现，我们在谈论轻食超级碗的同时，也正是在谈论健康天然、营养丰富的食材。想要制作一道美味的轻食超级碗，请避免使用经过农产品加工业精制并调配过的食材，请优先选用比如褐糖、槭糖浆以及全谷物等健康食材。

尽量选择有机种植的食材，以避免摄入农药残留物、人工香精以及其他对身体有害的添加剂。有机食品的选择已愈渐广泛，商家也开始真正地为消费者提供有品质的产品。经过精心挑选的食材制作而成的轻食超级碗一定是营养丰富的。

UN SUPERBOWL…
ET QUOI D'AUTRE ?

除了轻食超级碗，我们还能吃什么来保证饮食的营养全面且健康呢？轻食超级碗本身已经是一道营养均衡、富含能量的菜肴了。针对在早餐时享用的甜味超级碗，只需简单搭配一款热饮，摄入充足的水分（绿茶、花果茶）就可以了。而针对在午餐及晚餐时享用的咸味超级碗，可以搭配一份无糖饮料（饮用水、气泡水、鲜榨果蔬汁），并配以新鲜水果或奶制品，以摄取膳食纤维及维生素。让自己开心，享受生活，最重要的是祝您有个好胃口！

除了轻食超级碗，还有什么

PAGE 24

PAGE 22

PAG

PAGE 30

PAGE 32

LES SMOOTHIEBOWLS DU PETIT 早餐果昔碗 DÉJEUNER

果园水果果昔碗

FRUITS DU VERGER

早餐果昔碗

- 准备时间：10分钟
- 制作时间：20分钟

2汤勺槭糖浆

一小撮生姜粉

1个苹果，切丁

1个梨，切丁

1咖啡勺榛子酱

2汤勺白乳酪

1根肉桂棒

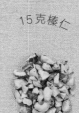
15克榛仁

25克水果麦片

营养功效 BIENFAITS **NUTRITIONNELS**

- **肉桂** / CANNELLE
  对控制血糖、消除饥饿感有着重要作用。

- **白乳酪** / FROMAGE BLANC
  含有丰富的蛋白质及钙质。

- **苹果** / POMME
  含有果胶，这种温和的膳食纤维能令您感到持久的饱腹感。

- **梨** / POIRE
  富含抗氧化剂以及膳食纤维，能够促进肠道蠕动，预防心血管疾病。

- **小贴士** / CONSEILS

1. 槭糖浆（Maple Syrup），又名枫糖浆，是用糖枫树的树汁熬制而成，加拿大的糖枫树树汁含糖量极高，枫糖浆是加拿大最有名的特产之一，可在电商平台和大型超市购买。

2. 白乳酪，由牛奶或羊奶通过凝结后沥干而制成的奶制品，是法国的特色食物。由于保存期限太短，因此大多在法国销售食用，极少外销。可用其他奶酪代替。

让您的享受更丰富 / POUR VARIER LES PLAISIRS

在夏天，可以使用当季水果制作这份超级碗：杏、桃子、油桃等。

制作一份果昔碗 POUR **1** SUPERBOWL

- 准备水果丁。将苹果丁及梨丁放入装有少量清水的锅中，加入一半量的槭糖浆、榛子酱及肉桂。加盖以小火烹煮，并不时地进行搅拌，直至水果丁变软，放凉备用。

- 锅中倒入麦片、余下的槭糖浆及生姜粉，翻炒几分钟，不时地进行搅拌。
- 将混合物倒入碗中，加入水果丁以及白乳酪。
- 放上肉桂棒及榛仁碎作装饰。

巧克力石榴果昔碗

早餐果昔碗

CHOCO-GRENADE

- 准备时间：10分钟
- 制作时间：10分钟

40克Floraline®谷物粉

1咖啡勺开心果酱

2汤勺苦可可粉

2汤勺粗糖

2汤勺去皮开心果

250毫升牛奶

2块黑巧克力，碾碎

半个石榴（剥籽备用）

营养功效　BIENFAITS **NUTRITIONNELS**

- **石榴与开心果** / GRENADE ET PISTACHES
  营养炸弹，富含抗氧化剂及维生素C。

- **苦可可粉** / CACAO AMER
  由可可豆中提取，含有大量的镁元素，营养丰富，美味可口。

- **牛奶** / LAIT
  可为人体补充大量钙质及蛋白质，也可以用植物奶代替。

- **小贴士** / CONSEILS
  1. Floraline是法国的一个谷物粉品牌，含有95%粗粒小麦粉及5%木薯粉，可使汤汁、酱汁变得浓稠。
  2. 开心果酱一般为进口产品，可在进口超市或电商平台购买。

制作一份果昔碗 | POUR **1 SMOOTHIEBOWL**

- 将牛奶及Floraline®谷物粉倒入锅中，加热约10分钟，直至混合物变得浓稠。
- 加入可可粉、糖、开心果酱以及3/4的石榴籽并搅拌均匀。

- 将混合物倒入碗中，表面撒上开心果、剩余的石榴籽以及黑巧克力碎，可依据您的喜好常温或冷藏后食用。

粉色力量果昔碗

PINK POWER

● 准备时间：10分钟

10克新鲜椰肉，切成小块

100克不同种类的深色水果，外加1咖啡勺的量用以装饰

半根香蕉

250毫升牛奶

1汤勺龙舌兰糖浆

1咖啡勺烤芝麻

营养功效　BIENFAITS **NUTRITIONNELS**

● **龙舌兰糖浆与香蕉** / SIROP D'AGAVE ET BANANE
两种抵抗饥饿的食材。

● **深色水果** / FRUITS ROUGES
数量丰富，种类繁多，深色水果可为人体带来珍贵的抗氧化剂，并富含维生素。

● 小贴士 / CONSEILS
龙舌兰糖浆是一种味道甘甜的饮品，食用后能为身体补充大量能量。一般在大型超市或电商平台购买。

制作一份果昔碗　POUR **1 SUPERBOWL**

- 将香蕉切块，与牛奶、深色水果以及龙舌兰糖浆一同放入搅拌机中搅拌，直至顺滑。将混合物倒入小碗中。
- 表面撒上剩余的深色水果、椰肉及烤芝麻。

重返森林果昔碗
RETOUR DES BOIS

● 准备时间：10分钟

200克白乳酪

6~8粒黑莓

2汤勺藜麦

2汤勺杏仁片

2汤勺葵花籽

2汤勺黑莓果酱

几片薄荷叶

营养功效　BIENFAITS **NUTRITIONNELS**

● **黑莓** / MÛRES
  这种美味的浆果富含维生素C及抗氧化剂。

● **葵花籽及杏仁** / GRAINES DE TOURNESOL ET AMANDES
  它们不但富含蛋白质，还可为人体补充优质脂肪酸。

22

让您的享受更丰富 / POUR VARIER LES PLAISIRS

您可以用蜂蜜或龙舌兰糖浆代替黑莓果酱，或在此超级碗中浇上少量上述食材，会让您的超级碗更加美味！

制作一份果昔碗 ⏐ POUR 1 SMOOTHIEBOWL

- 将白乳酪及黑莓果酱搅拌均匀，将混合物倒入碗中。
- 表面撒上黑莓、事先已经炒熟的藜麦、杏仁片及葵花籽作为装饰。
- 放上薄荷叶，即可食用。

超级水果螺旋果昔碗
SPIRALE DE SUPERFRUITS

● 准备时间：5分钟

200克原味酸奶

4汤勺蓝莓

2汤勺枸杞

2汤勺杏仁碎

2汤勺椰丝

2汤勺龙舌兰糖浆

2汤勺开心果碎

营养功效 BIENFAITS **NUTRITIONNELS**

● **枸杞** / BAIES DE GOJI

　　枸杞富含抗氧化剂、氨基酸、微量元素、矿物质，还含有大量的植物蛋白以及优质脂肪酸。

制作一份果昔碗　POUR **1 SMOOTHIEBOWL**

- 在沙拉碗中，将酸奶、龙舌兰糖浆以及蓝莓搅拌均匀，将混合物倒入碗中。
- 在混合物的表面，将剩余食材以螺旋状摆放好，即可享用。

牛油果及奇异果温和果昔碗

DOUCEUR D'AVOCAT ET DE KIWI

● 准备时间：10分钟

早餐果昔碗

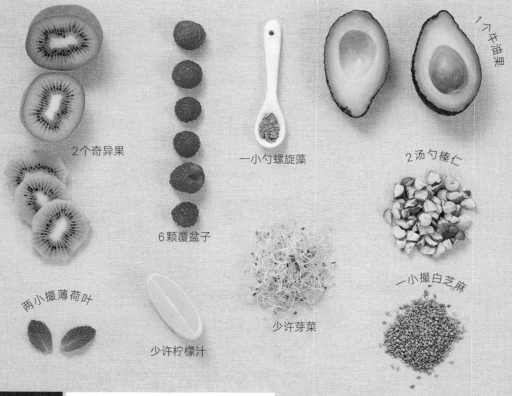

2个奇异果

6颗覆盆子

一小勺螺旋藻

2汤勺榛仁

1个牛油果

两小撮薄荷叶

少许柠檬汁

少许芽菜

一小撮白芝麻

营养功效　BIENFAITS **NUTRITIONNELS**

● **奇异果** / KIWI

含有丰富的维生素C以及膳食纤维。此外，它还含有胡萝卜素以及其他抗氧化剂，如多元酚。

● **牛油果** / AVOCAT

可为人体补充对心血管非常有益的不饱和脂肪酸，它也是维生素E的重要来源，可抵抗细胞老化。

● **覆盆子** / FRAMBOISE

热量低，富含维生素，可增强人体机能，糖尿病患者亦可食用。

● **小贴士** / CONSEILS

螺旋藻是自然界营养成分较为丰富、全面的生物，富含高质量的蛋白质、γ－亚麻酸的脂肪酸、类胡萝卜素，以及多种微量元素，如铁、碘、硒、锌等。

制作一份果昔碗 | POUR 1 SMOOTHIEBOWL

- 将1个奇异果、牛油果果肉及柠檬汁倒入搅拌机中搅拌均匀。将混合后的果泥倒入碗中。
- 将剩下的1个奇异果切成圆片。将奇异果

片、覆盆子、榛仁碎、薄荷叶、烤过的白芝麻、芽菜及螺旋藻摆放在果泥上，可即刻享用。

非常巧克力果昔碗

TRÈS CHOCOLAT

- 准备时间：10分钟
- 制作时间：20分钟

1汤勺杏仁碎

1汤勺榛仁碎

60克白藜麦

1汤勺粗糖或者有机蔗糖

1汤勺巧克力豆

1汤勺椰肉片

200毫升牛奶

30克黑巧克力

营养功效 BIENFAITS **NUTRITIONNELS**

- **藜麦** / QUINOA

  富含植物蛋白，且不含麸质，如果您麸质不耐受，藜麦是您的绝佳食材选择。

  白藜麦因为不带种皮，所以它的口感更软糯蓬松，常用来煮粥或蒸饭。

- **黑巧克力** / CHOCOLAT NOIR

  为人体补充镁元素，含有优质油脂。

- **粗糖** / SUCRE COMPLET

  富含纤维及矿物质。

28

制作一份果昔碗 | POUR 1 SMOOTHIEBOWL

- 将牛奶倒入锅中加热，再倒入藜麦，烹煮约20分钟。
- 倒入巧克力块及粗糖，搅拌均匀，直至巧克力融化。
- 将混合物倒入小碗中，撒上其他食材，可常温或者冷藏后食用。

粥式果昔碗

早餐果昔碗

FAÇON PORRIDGE

- 准备时间：5分钟
- 制作时间：5分钟

10克杏仁碎

2汤勺蓝莓

45克燕麦片

10克核桃碎

1块黑巧克力

2汤勺蜂蜜

200毫升牛奶

营养功效 BIENFAITS **NUTRITIONNELS**

- **蓝莓** / MYRTILLES
  小小的浆果中蕴含丰富的抗氧化剂。

- **核桃与杏仁** / NOIX ET AMANDES
  两种富含植物蛋白、镁元素及欧米伽3
  的坚果。

您可以常温享用这款美味的燕麦粥，也可以在前一天晚上将燕麦片泡入牛奶中并储存于冰箱，直至第二天早上。

制作一份果昔碗　POUR 1 SMOOTHIEBOWL

- 将牛奶倒入锅中小火加热并轻轻晃动。倒入燕麦片，关火静置数分钟。燕麦片泡至膨胀后，将燕麦牛奶混合物倒入碗中。加入1汤勺蜂蜜，搅拌均匀并冷却。
- 表面撒上蓝莓、核桃碎、杏仁碎及巧克力碎，最后浇上剩余蜂蜜即可享用。

香蕉巧克力果昔碗

早餐果昔碗

BANANA-CHOCO

● 准备时间：10分钟
● 制作时间：5分钟

2块糖渍生姜，切碎
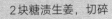

1汤勺杏仁碎

45克燕麦片

2汤勺龙舌兰糖浆

1汤勺榛仁碎

200毫升牛奶

1咖啡勺苦可可粉

半根香蕉

营养功效 BIENFAITS **NUTRITIONNELS**

● **香蕉** / BANANE
   含有大量的钾元素、纤维及能量，是能让您活力满满的水果。

● **燕麦片** / FLOCONS D'AVOINE
   富含膳食纤维，是增加饱腹感的完美选择。

在享用之前，还可以加入1~2块黑巧克力碎。

制作一份果昔碗　POUR **1 SMOOTHIEBOWL**

● 将牛奶倒入锅中小火煮开。倒入燕麦片，离火静置数分钟。燕麦片
泡至膨胀后，将燕麦牛奶混合物倒入碗中，加入1汤勺龙舌兰糖浆及
可可粉。

● 香蕉去皮，切成薄片，摆放至燕麦牛奶混合物上，并撒上全部的榛
仁碎、杏仁碎及生姜碎，浇上剩余的龙舌兰糖浆即可享用。

红色奶昔果昔碗

RED SMOOTHIE

早餐果昔碗

● 准备时间：10分钟

40克不同种类的深色水果，外加1咖啡勺的量用以装饰

1汤勺液体蜂蜜

6颗杏仁

30克谷物麦片，外加1咖啡勺的量用以装饰

150毫升牛奶

半根香蕉

营养功效 BIENFAITS **NUTRITIONNELS**

● **深色水果** / FRUITS ROUGES

　　微酸的口感是唤醒味蕾的绝佳选择。深色水果的卡路里含量低，富含膳食纤维，特别是含有大量的维生素C以及矿物质。

制作一份果昔碗 | POUR 1 SUPERBOWL

- 将香蕉切小块，与牛奶、深色水果及蜂蜜一同倒入搅拌机中搅拌均匀，直至顺滑。
- 将谷物麦片摆放在碗底，倒入果昔混合物。表面撒上剩余的谷物、深色水果及杏仁进行装点，即可享用。

奇亚籽布丁果昔碗 早餐果昔碗

CHIA PUDDING

- 准备时间：5分钟
- 静置时间：1晚

1个熟透的无花果

2汤勺槭糖浆
或者蜂蜜

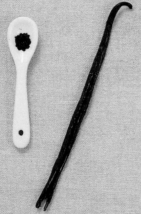

半咖啡勺
香草籽

20克奇亚籽

200毫升
杏仁牛奶

营养功效 BIENFAITS **NUTRITIONNELS**

● **奇亚籽** / GRAINES DE CHIA

富含膳食纤维、欧米伽3、欧米伽6，以及抗氧化剂，完全是宝藏谷物。

制作一份果昔碗 | POUR **1 SMOOTHIEBOWL**

- 将牛奶、奇亚籽、香草籽及槭糖浆倒入小碗中。每隔10分钟搅拌1次，一共搅拌3次。
- 为小碗盖上保鲜膜，放置于冰箱中，静置一个晚上。
- 将无花果切成4块，放在混合物上，即可享用。

英式早餐超级碗
早餐果昔碗
ENGLISH BREAKFAST

● 准备时间：10分钟
● 制作时间：12分钟

2片白火腿

2咖啡勺新鲜的厚奶油

30克人造黄油
（麦淇淋）

8小片全麦面包

8汤勺速冻
小豌豆

2咖啡勺亚麻籽

40克格鲁耶尔奶酪碎屑

2个鸡蛋

少许盐和胡椒粉

营养功效　BIENFAITS **NUTRITIONNELS**

● **亚麻籽** / GRAINES DE LIN

　　亚麻籽着实是这份超级碗中的点睛之笔，它们富含人体内常常缺少的欧米伽3以及脂肪酸，吃起来香脆可口，受到人们的喜欢。

● **更妙的是……** / C'EST ENCORE MIEUX...

　　我们可以选用带有"蓝色、白色、心形"（Bleu，blanc，coeur）标签的鸡蛋与火腿，这个标签表示着这些动物由富含亚麻籽的食物

喂养长大。那么这些鸡蛋与火腿自然也会富含欧米伽3了。

● **小贴士** / CONSEILS

　　格鲁耶尔奶酪，原产于瑞士弗里堡州，具有芳香醇厚、浓郁滑顺的气味。可在大型超市或电商平台购买，若购买不到，可用其他奶酪代替。

可以使用双份豌豆，代替小豌豆。

制作两份超级碗　POUR **2 SUPERBOWLS**

- 锅中水烧开，撒入少许盐，将小豌豆倒入锅中烹煮5分钟，沥干后备用。
- 在每一片面包上抹上人造黄油，铺上白火腿。将带有黄油及火腿的一面朝上，把面包片铺在碗底及碗壁上（可以根据碗的大小进行裁剪），余下两片备用。
- 将豌豆倒入碗中，在每个碗中打入一个鸡

蛋，加入奶油，撒入盐与胡椒粉。将剩下的面包片分别盖在两个碗上，撒上格鲁耶尔奶酪碎屑及亚麻籽。
- 预热烤箱至200℃（热力6~7级）。
- 将超级碗放入烤箱中烤制10~12分钟，可根据想要的鸡蛋熟度调整烘烤时间。

PAGE 44

PAGE 42

PAG

PAGE 50

PAGE 54

LES SMOOTHIEBOWLS POUR LA PAUSE GOURMANDE

零食果昔碗

全椰子果昔碗

零食果昔碗

COMPLÈTEMENT COCO

● 准备时间：10分钟

1咖啡勺黑芝麻

2汤勺椰肉片

1汤勺液体蜂蜜

1根香蕉

250毫升椰奶

1汤勺椰蓉

营养功效　BIENFAITS **NUTRITIONNELS**

● **椰肉** / NOIX DE COCO

椰肉虽然富含脂类物质，但不能否认它在营养方面有着重要功效，因为它能预防心血管疾病。椰肉还含有大量的铁元素及多种纤维。

您可以用半个椰子壳代替小碗，将果昔倒入椰子壳中享用。

制作一份果昔碗 | POUR 1 SMOOTHIEBOWL

- 将香蕉切小块，与椰奶、椰蓉及蜂蜜一同放入搅拌机中搅拌，直至顺滑。
- 将混合物倒入一个小碗中，表面撒上椰肉片及黑芝麻，即可享用。

草莓牛奶果昔碗

LAIT FRAISE

● 准备时间：5分钟

2汤勺杏仁

1份原味酸奶或草莓味酸奶

30毫升杏仁奶

2汤勺藜麦片

8颗去梗草莓

1汤勺槭糖浆
或者蜂蜜

半根香蕉

营养功效 BIENFAITS **NUTRITIONNELS**

● **草莓** / FRAISES

　　小小的水果含有多种功效：含糖量低，富含抗氧化剂及维生素C。
每年的4月就可吃到新鲜的草莓，不同品种的草莓的成熟时节在
5~9月。过季时，您亦可购买到大棚种植的草莓。

可以随意选用您喜欢的奶类：杏仁奶、豆奶、米奶……

制作一份果昔碗　POUR **1 SMOOTHIEBOWL**

- 将香蕉切小块，与酸奶、蜂蜜或者槭糖浆、杏仁奶及5颗草莓放入搅拌机中搅拌。
- 将混合物倒入一个小碗中，表面撒上藜麦片及杏仁。
- 将剩余的草莓切片，摆放在果昔上面，即可享用。

香蕉花生果昔碗 零食果昔碗
BANANE CACAHUÈTES

● 准备时间：5分钟

1 咖啡勺粗糖或有机蔗糖

1 汤勺黑巧克力豆

1 汤勺花生酱

1 汤勺无盐花生

1 根香蕉

200毫升牛奶

营养功效 BIENFAITS **NUTRITIONNELS**

● **花生** / CACAHUÈTES
　　含有优质脂肪酸及蛋白质，对心脏及心血管系统都十分有益，选用无盐花生最佳。

● **黑巧克力** / CHOCOLAT NOIR

　　含有大量镁元素，尤其是可可含量在70%以上的巧克力。

● **花生酱** / BEURRE DE CACAHUÈTES
　　健康的脂类物质来源，运动员们的最爱！

制作一份果昔碗　POUR **1 SUPERBOWL**

- 将香蕉切小块，与牛奶、花生酱以及粗糖
  一同放入搅拌机中搅拌，直至顺滑。
- 将混合物倒入一个小碗中，表面撒上花生

碎及巧克力豆。您也可以再加入一些香蕉
丁，即可享用。

"花式"果昔碗

零食果昔碗

POLLEN STYLE

● 准备时间：10分钟

半根香蕉

1汤勺碎香蕉干

1汤勺碎杏干

1颗桃子

150毫升新鲜杏汁或瓶装杏汁

1汤勺花粉

1颗杏

✚ 1汤勺榛仁，粗略碾碎

营养功效 BIENFAITS **NUTRITIONNELS**

● **花粉** / POLLEN

将蜂箱中的营养直接放入您的超级碗中。花粉可增强免疫力，抵抗疲乏，同时也能非常好地促进智力发育。

制作一份果昔碗 POUR **1 SUPERBOWL**

- 将香蕉切小块，桃子去皮，与杏和杏汁一同放入搅拌机中搅拌，直至顺滑，倒入小碗中。

- 表面撒上花粉、香蕉干、碎杏干及榛仁，即可享用。

超级绿色果昔碗
TOTALLY GREEN

● 准备时间：10分钟

几块芒果

半根香蕉

1块新鲜的菠萝

1个奇异果

2汤勺谷物麦片

一小把菠菜苗

120毫升椰子水
1咖啡勺奇亚籽

营养功效 BIENFAITS **NUTRITIONNELS**

● 菠菜 / ÉPINARDS

含有丰富的叶绿素，是清洁体液（血液、淋巴液）的最佳蔬菜。

● 菠萝 / ANANAS

含有宝贵的酶，可促进消化吸收，并帮助人体排毒。

温馨提示 / SUGGESTION

这是一碗实实在在的排毒超级碗！

制作一份果昔碗　POUR 1 SMOOTHIEBOWL

- 将香蕉与菠萝切小块，与椰子水、新鲜菠菜、奇异果一同放入搅拌机中搅拌，直至顺滑，倒入小碗中。

- 表面放上芒果块，撒上谷物麦片及奇亚籽，即可开始品尝。

夏末果昔碗
零食果昔碗

FIN D'ÉTÉ

● 准备时间：10分钟

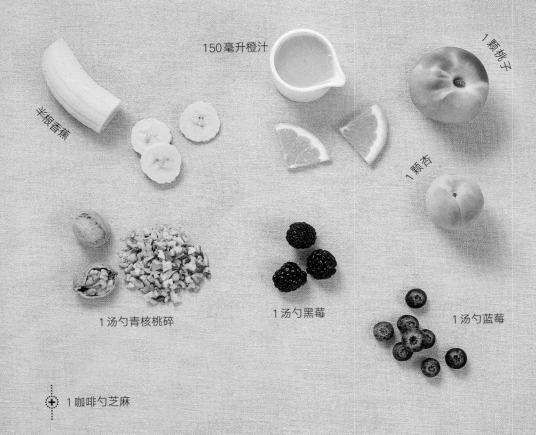

150毫升橙汁

1颗桃子

半根香蕉

1颗杏

1汤勺青核桃碎

1汤勺黑莓

1汤勺蓝莓

✛ 1咖啡勺芝麻

营养功效 BIENFAITS **NUTRITIONNELS**

● **桃子和杏** / PÊCHE ET ABRICOT

　　两种水果均含有丰富的维生素，尤其是维生素A，可以帮助皮肤抵抗紫外线及外部的刺激性因素，并有助于美黑。它们还含有大量的维生素C及膳食纤维，而且甜度不会太高。

● **小贴士** / CONSEILS

　　美黑流行于欧美国家，指通过化妆品、日光浴等手段，让皮肤保持健康的古铜色。

制作一份果昔碗 ｜ POUR **1 SUPERBOWL**

- 将香蕉、桃子与杏切小块，与橙汁一同放入搅拌机中搅拌，直至顺滑。将混合物倒入一个小碗中。
- 表面放上蓝莓、黑莓、青核桃仁以及芝麻，即可享用。

多种水果果昔碗

MULTIFRUITS

● 准备时间：10分钟

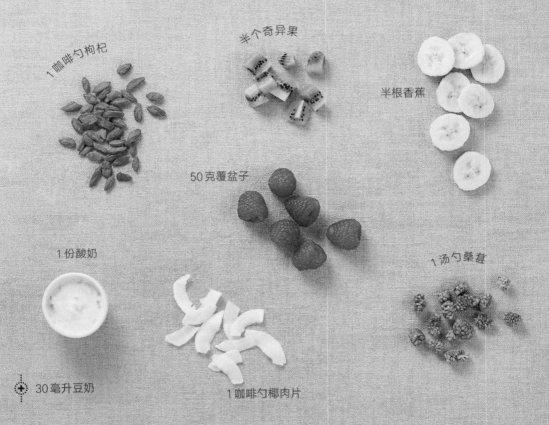

1 咖啡勺枸杞

半个奇异果

半根香蕉

50 克覆盆子

1 份酸奶

1 汤勺桑葚

30 毫升豆奶

1 咖啡勺椰肉片

营养功效　BIENFAITS **NUTRITIONNELS**

● **超级水果** / SUPERFRUITS

　　这道果昔碗中包含丰富的水果，保证让您摄入足量的维生素。

● **桑葚** / MULBERRIE

　　小巧美丽的白桑葚富含铁元素、维生素C以及白藜芦醇，是强大的抗氧化食物。

制作一份果昔碗 | POUR **1 SMOOTHIEBOWL**

- 将香蕉切小块,与酸奶、豆奶、覆盆子一同放入搅拌机中搅拌。
- 将混合物倒入一个小碗中,表面撒上桑葚、奇异果块、椰肉片及枸杞。

抹茶椰林果昔碗

MATCHA COLADA

● 准备时间：5分钟

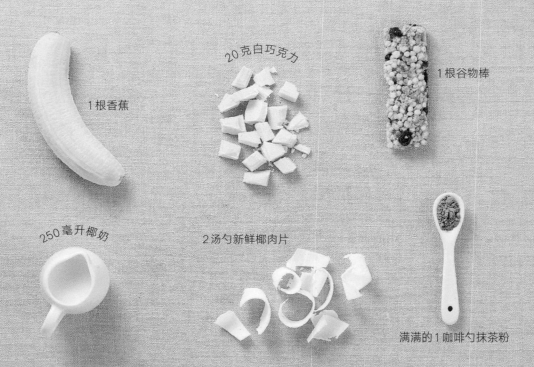

20克白巧克力

1根谷物棒

1根香蕉

250毫升椰奶

2汤勺新鲜椰肉片

满满的1咖啡勺抹茶粉

营养功效　BIENFAITS **NUTRITIONNELS**

● **抹茶** / THÉ MATCHA

　　是起源于日本的粉状绿茶，蕴含丰富的叶绿素，可帮助身体有效地排出毒素。同时还富含抗氧化剂，可帮助皮肤长久地保持美丽状态。

● **小贴士** / CONSEILS

　　若购买不到新鲜椰肉片，可用干椰肉片代替。

制作一份果昔碗 | POUR 1 SMOOTHIEBOWL

- 将谷物棒掰成小块。
- 将香蕉切小块，与椰奶及抹茶粉一同放入搅拌机中搅拌。

- 将混合物倒入一个小碗中，表面撒上白巧克力块、椰肉片以及谷物块。

PAGE 62

PAGE 78

PAG

PAGE 68

PAGE 70

LES SUPERBOWLS VÉGÉ-TARIENS

素食超级碗

藜麦超级碗

素食超级碗

QUINOA

- 准备时间：20分钟
- 制作时间：40分钟

150克藜麦

少许香菜

350克南瓜

4汤勺蔓越莓干

4汤勺南瓜籽

1片蒜瓣

1个红洋葱

1咖啡勺法式芥末酱

2汤勺橄榄油
1汤勺意大利香脂醋
1汤勺蜂蜜
少许盐、胡椒粉

营养功效 BIENFAITS **NUTRITIONNELS**

- **南瓜籽** / GRAINES DE COURGE
  可为人体补充铁、锌、镁等重要营养元素以及脂肪酸。

- **红洋葱与大蒜** / OIGNON ROUGE ET AIL
  富含硒元素，是有效的抗氧化剂。

- **南瓜** / POTIRON
  含有大量的β−胡萝卜素以及膳食纤维。

- **小贴士** / CONSEILS
  法式芥末酱和意大利香脂醋可在进口超市或电商平台购买。若购买不到，可用其他品牌芥末酱和香脂醋代替。

制作两份超级碗　POUR **2 SUPERBOWLS**

- 锅中水烧开，撒入少许盐，将藜麦倒入锅中烹煮，可参考产品外包装上的烹煮时间（12~15分钟）。煮熟后沥干，放凉备用。
- 准备酱汁。在一个小容器中，将蜂蜜、芥末酱及香脂醋搅拌均匀。
- 洋葱与南瓜分别切小块，大蒜剁碎。将橄榄油倒入平底锅中烧热，加入洋葱翻炒几分钟。锅中倒入南瓜及大蒜，加盖以中火

烹煮，直至南瓜软熟。然后加入藜麦、蔓越莓及酱汁，并撒入盐与胡椒粉调味。将所有食材搅拌均匀后，继续烹煮2分钟。
- 另起一口干净的平底锅，倒入南瓜籽翻炒约15分钟。
- 将第三步骤中的制品倒入碗中，表面撒上南瓜籽及香菜。

地中海风味超级碗

MÉDITERRANÉEN

- 准备时间：20分钟
- 制作时间：1小时20分钟

120克印度香米

1咖啡勺
芝麻盐

1咖啡勺
奇亚籽

1个茄子

60克费塔奶酪碎屑

2个红椒

120克青色小扁豆

一小撮孜然

+ 1片蒜瓣
  少许橄榄油
  少许罗勒叶
  少许盐、胡椒粉

营养功效 BIENFAITS **NUTRITIONNELS**

- **小扁豆与大米** / LENTILLES ET RIZ

  小扁豆与大米的组合保证了充足的植物蛋白摄入。在享受美食的同时，你会知道找到可以替代肉类的食材其实并不困难。

- **小贴士** / CONSEILS

  印度香米产于印度北部地区，因其细长的形状和浓郁的香味而闻名。费塔（Feta）奶酪是希腊的特产。希腊特有的植物群落给予了它独特的味道和香味。这两种食材可在进口超市或电商平台上购买。若购买不到，可用其他香米和奶酪代替。

制作两份超级碗　POUR **2 SUPERBOWLS**

- 将红椒及茄子放入烤箱中，以200℃烘烤45分钟（热力6～7级）。
- 大蒜切碎。在一个小的容器中，将茄子去皮并捣碎，与蒜末及芝麻盐混合，撒入盐与胡椒粉调味。另起一个小容器，红椒去皮去籽，切成条状，撒入盐、胡椒粉及孜然。
- 锅中水烧开，撒入少许盐，将香米倒入锅中

烹煮10分钟。以同样的方式将小扁豆烹煮25分钟。分别沥水后，撒入盐与胡椒粉。
- 将茄子泥铺在两个碗的底部，加入一层香米、小扁豆、费塔奶酪碎屑以及红椒条。以罗勒叶、奇亚籽装点，最后淋上橄榄油。即可享用。

秋天的味道超级碗

SAVEURS D'AUTOMNE

● 准备时间：20分钟
● 制作时间：45分钟

60克山羊奶酪碎屑

60克小米

少许香菜

1个红洋葱

少许咖喱粉

240克鹰嘴豆

2汤勺葵花籽

少许孜然粉

少许四香粉
（胡椒、肉豆蔻、
姜与丁香）

350克南瓜

2汤勺槭糖浆
✛ 2汤勺南瓜籽油
少许盐

营养功效 BIENFAITS **NUTRITIONNELS**

● **小米** / MILLET
　　来自亚洲及非洲的古老谷物，不含麸质，富含B族维生素及锰、锌、镁、磷、铁等矿物质。

● **小贴士** / CONSEILS
　　山羊奶酪是用山羊奶制成的奶酪，原产地法国。可在进口超市或电商平台购买。若购买不到，可用其他品牌奶酪代替。

制作两份超级碗　POUR **2 SUPERBOWLS**

- 将烤箱预热至200℃（热力6～7级）。将南瓜切成小块，洋葱切碎，放在烤盘上，淋入槭糖浆及南瓜籽油，撒入盐与胡椒粉。搅拌均匀后送入烤箱，烤制45分钟。需不时为烤箱中的蔬菜添加清水，以防烤干。
- 锅中水烧开，撒入少许盐，将小米倒入锅中烹煮，可参考产品外包装上的烹煮时间。沥干后备用。

- 平底锅中倒油烧热，将鹰嘴豆、小米及香料倒入锅中，一起翻炒几分钟。撒入盐与胡椒粉。
- 将鹰嘴豆及小米铺放至两个碗中，随后加入南瓜。表面撒上山羊奶酪碎屑、香菜以及葵花籽。

鹰嘴豆力量超级碗
POIS CHICHES POWER

素食超级碗

● 准备时间：15分钟
● 制作时间：10分钟

6个法拉费
炸豆丸子

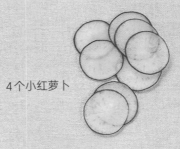
4个小红萝卜

两小把芝麻菜

60克费塔奶酪碎屑

4汤勺鹰嘴豆

1个大牛油果

半个小柠檬挤汁，外加3片柠檬
3汤勺橄榄油
1汤勺意大利香脂醋
少许白芝麻
少许盐、胡椒粉

营养功效　BIENFAITS NUTRITIONNELS

● **鹰嘴豆** / POIS CHICHES

　　鹰嘴豆以及以鹰嘴豆泥制作而成的法拉费炸豆丸子，可以为您提供足量的植物蛋白。若搭配烤面包食用，可为您带来人体必要的氨基酸。

● **小贴士** / CONSEILS

　　法拉费炸豆丸子也叫中东蔬菜球、油炸鹰嘴豆饼，是用鹰嘴豆或蚕豆泥加上调味料所做成的小食。

制作两份超级碗 | POUR **2 SUPERBOWLS**

- 将炸豆丸子放入平底锅中，不加油煎至金黄。
- 牛油果切成两半，去核后将果肉捣成泥，加入柠檬汁、盐与胡椒粉。
- 将熟鹰嘴豆冲洗干净并沥干，小红萝卜切

片，将香脂醋与橄榄油混合并搅打均匀。把芝麻菜放入两个碗中，加入鹰嘴豆和小红萝卜片，淋入橄榄油与香脂醋混合物。
- 碗中加入炸豆丸子、费塔奶酪碎屑、柠檬片、牛油果肉，表面撒上芝麻。

佛系超级碗 素食超级碗

DU BOUDDHA

素食超级碗

- 准备时间：20分钟
- 制作时间：15分钟

130克糙米

1个牛油果

2汤勺鹰嘴豆泥

少许香菜

1个西葫芦

4汤勺熟鹰嘴豆

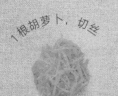

1根胡萝卜，切丝

2根青葱，切段

2汤勺葵花籽

1汤勺橄榄油
3汤勺芝麻油
2汤勺酱油
1汤勺柠檬汁
少许新鲜的姜丝
少许盐、胡椒粉

营养功效 BIENFAITS **NUTRITIONNELS**

　　一份非常全面的素食超级碗，含有丰富的植物蛋白、维生素、纤维以及矿物质。您可以根据您的喜好，更换其中的蔬菜以及豆类食材，可享受更丰富的美味。

制作两份超级碗　POUR 2 SUPERBOWLS

- 准备油醋汁。在一个小的容器中，倒入芝麻油、柠檬汁、酱油及姜丝，撒入盐与胡椒粉，搅拌均匀。
- 锅中水烧开，撒入少许盐，将糙米倒入烹煮约10分钟，沥干后备用。
- 西葫芦切块，平底锅中倒油烧热，倒入西葫芦翻炒5分钟。
- 牛油果去核，切成条状。
- 将所有食材分别倒入两个碗中，放上鹰嘴豆泥，撒上葵花籽及香菜，最后淋上油醋汁即可享用。

东方韵味超级碗

ORIENTAL

● 准备时间：15分钟
● 制作时间：50分钟

1 片蒜瓣

半咖啡勺
咖喱粉

300克胡萝卜

2 汤勺青椒或者
绿尖椒碎粒

1 个小的
西红柿

2汤勺葡萄干

1 个洋葱

200克鹰嘴豆

2汤勺烤面包丁
少许香菜
➕ 500毫升蔬菜汤
2汤勺橄榄油
少许盐、胡椒粉

营养功效　BIENFAITS **NUTRITIONNELS**

● **鹰嘴豆** / POIS CHICHES

鹰嘴豆值得在您的饮食中拥有一席之地，它含有多种碳水化合物、蛋白质、膳食纤维以及多种维生素，尤其是维生素A、维生素B_6、维生素C、维生素E以及维生素K，还富含镁元素及铁元素，且脂类物质含量低。

制作两份超级碗 　POUR **2 SUPERBOWLS**

- 将葡萄干放在热水中浸泡数分钟。用冷水将鹰嘴豆冲洗干净并沥干。
- 胡萝卜切片，西红柿切丁，洋葱剁碎。在炖锅中倒入橄榄油，放入上述食材及大蒜，翻炒5分钟。倒入咖喱粉、蔬菜汤与鹰嘴豆（留下两勺鹰嘴豆，作装饰用），煮开后

加盖继续炖煮45分钟。
- 撒入盐与胡椒粉调味。将所有食材倒入搅拌机中，可按照您的喜好调整搅打程度。将搅打后的混合物倒入碗中，表面撒上沥干后的葡萄干、余下的鹰嘴豆、面包丁、青椒或绿尖椒碎粒以及香菜。

三色超级碗

素食超级碗

TRICOLORE

- 准备时间：15分钟
- 制作时间：40分钟

两小把芝麻菜

100克棕色小扁豆

50克菠菜苗

半片蒜瓣

100克山羊奶酪碎屑

150克熟甜菜

半个牛油果

2汤勺橄榄油
少许液体蜂蜜
1汤勺柠檬汁
半咖啡勺法式芥末酱

营养功效 BIENFAITS **NUTRITIONNELS**

● **牛油果** / AVOCAT

真正的宝藏水果，值得在我们的餐盘中占有一席之地。牛油果含有丰富的纤维素以及优质脂类，可令人有持久的饱腹感，在这一点上，还没有其他蔬果能比得上它。

制作两份超级碗 | POUR 2 SUPERBOWLS

- 将小扁豆倒入盛满冷水的锅中，加盖烹煮约40分钟，可参考产品外包装上的指导时间，再以冷水沥干。
- 甜菜切丁。在沙拉碗中，将小扁豆、甜菜丁及菠菜叶搅拌均匀。
- 准备调味料。另外准备一个容器，将橄榄油、法式芥末酱、蜂蜜及柠檬汁搅打均匀，加入蒜末、盐与胡椒粉，搅拌均匀。
- 将调味料倒入沙拉碗中，与食材充分混合。
- 将芝麻菜分别放入两个碗中，再将沙拉碗中的食材倒入。表面撒上山羊奶酪碎屑和牛油果丁，即可享用。

蔬菜根茎超级碗

LÉGUMES RACINES

● 准备时间：10分钟
● 制作时间：35分钟

60克山羊奶酪碎屑

少许欧芹

1个洋葱

150克糙米

350克胡萝卜片、欧芹根与婆罗门参

3汤勺美洲山核桃仁

20克黄油
1汤勺橄榄油
少许盐、胡椒粉

营养功效 BIENFAITS **NUTRITIONNELS**

● **糙米** / RIZ COMPLET

　　用糙米代替白米吧！糙米没有经过精制，所以仍然保留着珍贵的营养元素，尤其是B族维生素、镁元素、磷元素、钾元素以及大量的膳食纤维。

制作两份超级碗 | POUR **2** SUPERBOWLS

- 锅中水烧开，撒入少许盐，倒入胡萝卜片、欧芹根以及婆罗门参，烹煮10～15分钟，沥干。
- 平底锅中倒入黄油烧热，洋葱切碎后倒入锅中，翻炒5分钟。再将胡萝卜片、欧芹根以及婆罗门参倒入平底锅中，一起翻炒几分钟，撒入盐与胡椒粉。
- 与此同时，将糙米放入烧开的水中烹煮约

15分钟，沥干。
- 平底锅中倒入橄榄油烧热，倒入糙米并翻炒几分钟，撒入盐与胡椒粉，加入欧芹。
- 将胡萝卜片、欧芹根、婆罗门参以及欧芹糙米饭一起倒入碗中，撒上山羊奶酪碎屑及美洲山核桃仁（也可用腰果仁），即可享用。

白鲸超级碗 素食超级碗

BELUGA-GA

● 准备时间：15分钟
● 制作时间：55分钟

1个牛油果

少许苜蓿芽

350克红薯

1汤勺柠檬汁

120克白鲸扁豆

少许
辣椒粉

60克费塔奶酪碎屑

3汤勺核桃碎

✛ 2汤勺橄榄油
少许盐、胡椒粉

营养功效 BIENFAITS **NUTRITIONNELS**

● **牛油果、核桃以及橄榄油** / AVOCAT, NOIX ET HUILE D'OLIVE
能够提供优质油脂的"三剑客"。

● **苜蓿芽** / POUSSES D'ALFAFA
苜蓿芽含有丰富的维生素，您也可以用其他发芽的种子代替。

● **红薯及小扁豆** / PATATE DOUCE ET LENTILLES
红薯能为人体补充β—胡萝卜素，小扁豆则富含珍贵的植物蛋白。

● **小贴士** / CONSEILS
1. 苜蓿芽是一种低热量且营养丰富的天然碱性食物，可帮助荤食者中和体内血液的酸性。
2. 白鲸扁豆是一种体型较小的黑色小扁豆，直径约为0.5厘米，因外形与白鲸鱼子酱相似而得名。

制作两份超级碗 | POUR **2** SUPERBOWLS

- 将烤箱预热至200℃（热力6～7级）。
- 红薯去皮后切丁，放入烤盘中，淋上少许橄榄油，撒上辣椒粉、盐与胡椒粉，搅拌均匀后，放入烤箱烘烤30分钟，期间加入2～3次清水。
- 锅中水烧开，撒入少许盐，将小扁豆放入

烹煮25分钟，沥干后撒入盐与胡椒粉，加入少许橄榄油。
- 牛油果切片，加入少许柠檬汁。
- 将红薯、小扁豆与牛油果放入碗中并搅拌均匀。表面撒上费塔奶酪碎屑、首蓿芽以及核桃碎。

阳光灿烂超级碗

素食超级碗

ENSOLEILLÉ

● 准备时间：10分钟
● 制作时间：15分钟

200克猫耳朵面

少许罗勒叶

200克红豆

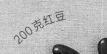

少许欧芹

1个西葫芦

2个西红柿

少许帕尔马奶酪碎屑

1片蒜瓣
少许柠檬汁
少许橄榄油
少许盐、胡椒粉

营养功效 BIENFAITS **NUTRITIONNELS**

● **猫耳朵面与红豆** / ORECCHIETTES ET HARICOTS ROUGES

　　面食与豆类食材的组合可以为人体提供全面的植物蛋白，是减少日常肉类摄入，并保持营养均衡的一个不错选择。

● **小贴士** / CONSEILS

　　帕尔玛奶酪是一种意大利名品，意大利硬奶酪，经过多年陈熟干燥而成，色淡黄，具有强烈的水果味道，一般超市中有盒装或罐装的粉末状帕尔玛奶酪出售。

制作两份超级碗 | POUR 2 SUPERBOWLS

- 锅中水烧开，撒入少许盐，将猫耳朵面放入锅中煮熟，沥干后放凉备用。
- 西葫芦切块，大蒜切碎，平底锅中倒入少许橄榄油烧热，将西葫芦和大蒜一起倒入锅中翻炒，撒入盐与胡椒粉调味。
- 西红柿切丁，与罗勒叶一同倒入一个小容器中，搅拌均匀。

- 另外准备一个小容器，倒入红豆、欧芹与柠檬汁，搅拌均匀。
- 将猫耳朵面、西葫芦块、西红柿丁及红豆、欧芹分别倒入两个碗中，撒入盐与胡椒粉，淋入少许橄榄油，撒上帕尔玛奶酪碎屑，即可享用。

PAGE 82

PAGE 88

PAG

PAGE 86

PAGE 94

LES SUPERBOWLS LIGHTS

养颜超级碗

白泷面排毒超级碗
SHIRATAKIS DÉTOX

养颜超级碗

● 准备时间：10分钟
● 制作时间：25分钟

2个西葫芦

少许薄荷叶

少许香菜

少许欧芹

半个柠檬

1汤勺橄榄油

1个洋葱

1片蒜瓣

1包魔芋白泷面条

少许盐、胡椒粉

营养功效　BIENFAITS **NUTRITIONNELS**

● **魔芋白泷面** / SHIRATAKIS DE KONJAC

白泷面与传统的意大利面有些相似，但是质感上略有差别。白泷面条主要的益处在于它们基本不含卡路里，同时含有大量的膳食纤维，可促进饱腹感的产生。

● **欧芹** / PERSIL

这种芳香的植物含有大量的维生素C，富含营养。

- 在滤碗中，使用清水将白泷面条充分洗涤。放入锅中后，加水烹煮3分钟，沥干备用。
- 平底锅中倒入橄榄油烧热，放入洋葱块及蒜末煎至金黄。西葫芦切块，倒入锅中并煎至微黄，加盖烹煮约10分钟后，撒入盐与胡椒粉。
- 将白泷面条倒入锅中，大火翻炒几分钟，加入欧芹、香菜及薄荷叶。将混合物盛入碗中，放上柠檬片，即可享用。

羽衣甘蓝沙拉超级碗

KALE EN SALADE

● 准备时间：10分钟
● 制作时间：35～40分钟

120克精磨大麦米

2片羽衣甘蓝叶

1块生的甜菜

4汤勺榛仁

3汤勺橄榄油

1个黑萝卜，切片

1咖啡勺柠檬汁
少许盐、胡椒粉

营养功效 BIENFAITS **NUTRITIONNELS**

● **羽衣甘蓝** / KALE

　　羽衣甘蓝与白菜同属十字花科，是近年来十分流行的食材，以有着多种健康功效而著名：富含维生素A、维生素C、维生素K、维生素E以及B族维生素，及锰、铜、钙、铁、磷、镁等多种矿物质。

● **黑萝卜** / RADIS NOIR

　　清除肝脏毒素的绝佳食材。

● **甜菜** / BETTERAVE

　　甜菜的功效众多，可以有效地清洁血液，排出毒素。

制作两份超级碗　POUR **2 SUPERBOWLS**

- 锅中水烧开，撒入少许盐，将精磨大麦米倒入锅中煮熟，可参考产品外包装上的烹煮时间（35~45分钟）。沥干放凉备用。
- 将羽衣甘蓝切成细条，与橄榄油及柠檬汁搅拌均匀，撒入盐与胡椒粉，用手揉按叶片，使它们更为柔软。静置10分钟后，与

放凉的大麦米混合均匀。
- 黑萝卜切片，甜菜去皮，并使用蔬菜切片器将甜菜切成薄片。
- 将拌有大麦米的羽衣甘蓝放入碗中，再将黑萝卜片及甜菜片轮流摆入。表面撒上烘烤过的榛仁碎并淋入橄榄油，即可享用。

柑橘超级碗

养颜超级碗

AUX AGRUMES

● 准备时间：10分钟
● 制作时间：8分钟

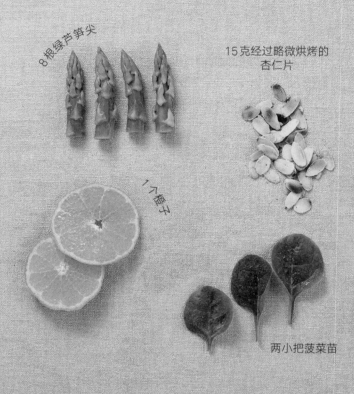

8根绿芦笋尖

15克经过略微烘烤的
杏仁片

半个葡萄柚

1个橙子

两小把菠菜苗

2汤勺南瓜籽、
葵花籽与奇亚籽

3汤勺橄榄油
少许法式芥末酱
少许盐、胡椒粉

营养功效　BIENFAITS **NUTRITIONNELS**

● **柑橘属水果** / AGRUMES

　　含有大量的维生素C，可以有效抵抗传染
病菌，是抵御冬天小病痛的绝佳水果。

● **绿芦笋** / ASPERGE VERTE

　　天然的利尿剂，可促进身体排出毒素及多
余的盐分，还能够帮助肾脏进行自我清洁。

制作两份超级碗 | POUR 2 SUPERBOWLS

- 锅中水烧开，撒入少许盐，将芦笋尖倒入锅中煮至口感软嫩，沥干后放凉备用。
- 剥去橙子及葡萄柚的外皮，取出果肉，保留果汁以制作油醋汁。
- 洗净菠菜叶并沥干水分，将菠菜叶与芦笋尖

放入沙拉碗中，倒入橄榄油、橙汁、葡萄柚汁及法式芥末酱。撒入盐与胡椒粉，混合均匀。
- 将混合物倒入两个碗中，分别放入橙子及葡萄柚果肉，表面撒上杏仁片、南瓜籽、葵花籽与奇亚籽，即可享用。

生食超级碗
养颜超级碗
TOUT CRU

● 准备时间：25分钟

一把腰果

一把小红萝卜

半个黄椒

一大把欧芹、
香菜与罗勒

1片去皮蒜瓣，
拍扁

2根胡萝卜

2个煮鸡蛋

1个大西葫芦

2个洋葱

1汤勺杏仁泥
1汤勺味噌汤
1汤勺香醋
少许盐、胡椒粉

营养功效 BIENFAITS **NUTRITIONNELS**

● **鸡蛋** / ŒUF

含有丰富的蛋白质，以及两种有效的抗氧
化剂：叶黄素与玉米黄素，可预防眼睛老化。

制作两份超级碗 POUR **2** SUPERBOWLS

- 西葫芦切块，黄椒去籽。使用蔬菜削条器将胡萝卜、洋葱以及小红萝卜切成大小均匀的细条。
- 在一个沙拉碗中，将上述所有蔬菜及欧芹、香菜、罗勒叶混合均匀。
- 在另一个容器中，将杏仁泥、味噌汤、

醋、大蒜，少许盐、胡椒粉及清水搅打均匀，制成浓稠的酱汁，倒入沙拉碗中，与蔬菜搅拌均匀。
- 将混合物倒入碗中。鸡蛋剥壳切块，放入碗中，表面撒上腰果碎。

非常新鲜超级碗 养颜超级碗

TRÈS FRAIS

- 准备时间：15分钟
- 制作时间：40分钟
- 静置时间：1小时

少许小茴香

少许薄荷叶

一片蒜瓣

120克斯佩尔特小麦

4根迷你小黄瓜

半捆小红萝卜

60克脱脂费塔奶酪碎屑

- 2汤勺橄榄油
- 3汤勺柠檬汁
- 少许盐、胡椒粉

营养功效 BIENFAITS **NUTRITIONNELS**

● 黄瓜 / CONCOMBRE

含水量高达95%，是瘦身的绝佳帮手；钾元素含量高，钠元素含量低，能够有效帮助人体排出毒素以及多余的水分。黄瓜清新而低脂，搭配新鲜香草食用，更能突出它的柔和味道。

● 小贴士 / CONSEILS

斯佩尔特小麦在德国有悠久的种植历史，含有丰富的植物蛋白和大量的维生素A、维生素E、B族维生素和脂肪酸等营养元素，能增强人体自然抵抗力，帮助人体排毒解素。若购买不到，可用其他小麦代替。

制作两份超级碗　POUR 2 SUPERBOWLS

- 锅中水烧开，撒入少许盐，将斯佩耳特小麦倒入锅中烹煮，可参考产品外包装上的烹煮时间（40～45分钟），沥干放凉备用。
- 黄瓜切片，小红萝卜去皮切片，大蒜去皮碾碎，薄荷叶及小茴香剪碎。在一个沙拉碗中，将上述食材与橄榄油、柠檬汁搅拌

均匀，撒入盐与胡椒粉。
- 将斯佩耳特小麦倒入碗中，表面撒上新鲜的蔬菜混合物以及全部的脱脂费塔奶酪碎屑。将超级碗放入冰箱冷藏至少1个小时。取出后，撒上小片新鲜的薄荷叶用作装饰，即可享用。

焗烤超级碗

养颜超级碗

GRATINÉ

● 准备时间：15分钟
● 制作时间：20分钟

1个西葫芦

2个鸡蛋

60克意大利里科
塔奶酪

少许普罗旺斯香草

半片蒜瓣

+ 10克黄油
50毫升淡奶油
少许盐、胡椒粉

营养功效 BIENFAITS **NUTRITIONNELS**

● **意大利里科塔奶酪** / RICOTTA

这款清爽的奶酪富含蛋白质，脂类含量
较低。可在进口超市或电商平台购买。

● **鸡蛋** / ŒUFS

鸡蛋含有充足的蛋白质，再搭配上西葫
芦，它们便构成了一碗营养均衡的超级碗。

● **普罗旺斯香草** / HERBES DE PROVENCE

芳香的普罗旺斯香草具有众多药用功效。
可在进口超市或电商平台购买。

制作两份超级碗　POUR **2 SUPERBOWLS**

- 烤箱预热至200℃（热力6～7级）。
- 将西葫芦切成薄片。
- 在一个沙拉碗中，将鸡蛋、淡奶油、里科塔奶酪、蒜末以及普罗旺斯香草搅打均匀。撒入盐与胡椒粉。

- 将黄油融化，涂抹在两个碗的碗壁上。将西葫芦摆放于碗中，倒入鸡蛋奶油混合物。
- 入烤箱烘烤约20分钟。

排毒超级碗

养颜超级碗

DÉTOXIFIANT

● 准备时间：15分钟

两把菠菜苗

少许发芽的种子

1个红苹果

1个黑萝卜

3汤勺浓缩橙汁

3汤勺榛子油

60克新鲜的山羊奶酪碎屑

一小把榛仁

少许橙皮

✛ 少许盐、胡椒粉

营养功效 BIENFAITS **NUTRITIONNELS**

● **黑萝卜** / RADIS NOIR

可有效缓解肝脏因过度饮食、食用药物及饮酒等原因造成的疲劳。理想情况下，如果选用的是有机黑萝卜，可以保留含有多种维生素的萝卜外皮。

● **榛子** / NOISETTE

是绝佳的饮食补充物，但建议每日食用量不超过一把。

制作两份超级碗 | POUR **2 SUPERBOWLS**

- 将黑萝卜切成细条，苹果洗净后，也切成同样大小的细条。
- 菠菜叶洗净后擦干，铺在碗的底部，上面放入萝卜条以及苹果条，表面撒上山羊奶

酪碎屑、少许发芽的种子、经过烘烤的榛仁碎以及橙皮。
- 准备酱汁。将浓缩橙汁与榛子油搅拌均匀，撒入盐与胡椒粉，倒入碗中后即可食用。

清新超级碗
养颜超级碗

FRAÎCHEUR

● 准备时间：15分钟
● 制作时间：5分钟

6汤勺熟黑米饭

一勺半米醋

150克红虾

1汤勺橄榄油

少许香菜

1咖啡勺新鲜的姜末

1根胡萝卜

半根黄瓜

1汤勺酱油

4汤勺豆芽

15克芝麻
1汤勺芝麻油
1汤勺鱼露

营养功效 BIENFAITS **NUTRITIONNELS**

● **红虾** / LES CREVETTES ROSES

　　矿物质含量高，脂类含量低，是瘦身的绝佳食材。

制作两份超级碗 | POUR **2 SUPERBOWLS**

- 使用蔬菜削皮器或蔬菜削条器将胡萝卜与黄瓜去皮,并削成细条。在一个沙拉碗中,将洗净并沥干的豆芽、酱油、芝麻油、香菜及米醋搅拌均匀,腌制10分钟。

- 在平底锅中抹上一层橄榄油,放入去壳的红虾、生姜及黑米饭翻炒2分钟,倒入鱼露及芝麻,继续翻炒2分钟。
- 将两个步骤中的制品一同倒入碗中即可享用。

健康菠菜奶油超级碗

HEALTHY CREAM D'ÉPINARDS

- 准备时间：10分钟
- 制作时间：10分钟

500克菠菜

1咖啡勺奇亚籽

半咖啡勺咖喱粉

1汤勺橄榄油

500毫升牛肉汤

2汤勺淡奶油

4汤勺熟的布格麦
两小把苜蓿苗

少许盐、胡椒粉

营养功效　BIENFAITS **NUTRITIONNELS**

● 菠菜 / ÉPINARDS

　　热量低，而且富含抗氧化剂（保护视力的叶黄素与玉米黄素）、维生素（维生素A、维生素C、维生素K、维生素B$_9$……）以及膳食纤维。它们具有数不清的功效。

● 小贴士 / CONSEILS

　　布格麦是以碾碎的小麦制成的谷物食品，起源于中东地区。

制作两份超级碗 | POUR **2 SUPERBOWLS**

- 将牛肉汤倒入锅中加热，倒入菠菜（最好是新鲜的菠菜）烹煮几分钟。
- 将煮好的菠菜与淡奶油一同放入搅拌机中
- 搅拌，撒入盐与胡椒粉。
- 在热菠菜汤上放入熟布格麦、首蓿苗、奇亚籽、咖喱粉以及橄榄油，即可享用。

蛋糕超级碗 养颜超级碗

VERSION BOWL CAKE

● 准备时间：5分钟
● 制作时间：5分钟

2个鸡蛋

6汤勺牛奶

80克燕麦片

80克无皮去脂的白火腿片

半咖啡勺酵母粉

50克埃曼塔奶酪碎屑
2个小洋葱

营养功效 BIENFAITS **NUTRITIONNELS**

● **燕麦片** / FLOCONS D'AVOINE

　　燕麦片是保持身材的完美食材，它尤其能够降低体内的胆固醇。因含有特殊纤维，燕麦片还能够降低血糖，是控制饮食及身材的绝佳选择。

● **小贴士** / CONSEILS

　　埃曼塔奶酪（Emmental）质感和外皮都比较坚硬，它的外形最大的特点就是有气孔。原产地瑞士，可在进口超市或电商平台购买。

温馨提示 / MON CONSEIL

您可以将火腿条放在蛋糕上以作装饰。蛋糕超级碗可搭配生菜沙拉食用。

制作两份超级碗 POUR 2 SUPERBOWLS

- 在一个沙拉碗中，倒入鸡蛋和牛奶，搅打均匀。然后加入燕麦片及酵母粉，混合均匀。
- 加入火腿、埃曼塔奶酪碎屑以及去皮的洋葱末，混合均匀。
- 将混合物倒入两个碗中，分别放入微波炉，加热约4分钟。
- 将蛋糕从碗中脱模取出，放入盘中即可享用。

PAGE 108

PAGE 122

PAG

PAGE 104

PAGE 112

LES SUPERBOWLS EXO- TIQUES

异域风情超级碗

叻沙酱超级碗

LAKSA

- 准备时间：10分钟
- 制作时间：15分钟

150克鳕鱼背肉

250克鲜虾，去壳

2根葱

150克白菜，切条

少许香菜

250毫升蔬菜汤

100克天使面

- 200毫升椰子奶油
- 1咖啡勺叻沙酱
- 2汤勺葵花籽油
- 少许盐、胡椒粉

营养功效 BIENFAITS **NUTRITIONNELS**

● **白菜** / CHOU

　　非常可口的白菜，简直是宝藏蔬菜。白菜含有丰富的维生素C、B族维生素、维生素A、维生素E、维生素K，是强大的抗氧化剂，富含钾元素及钙质。200克白菜即可满足人体每日所需40%～50%的维生素C，是可以经常食用的十字花科蔬菜！

● **小贴士** / CONSEILS

　　叻沙酱是原产于新加坡和马来西亚的半固体复合调味料，由辣椒、棕榈油、虾米、香茅、洋葱等制成。

　　天使面又可以叫Angel hair，最幼细的意粉，即1号意粉。

制作两份超级碗 | POUR **2 SUPERBOWLS**

- 将叻沙酱倒入锅中，加热1分钟，不停搅拌。加入鲜虾、鳕鱼块、蔬菜汤、250毫升清水以及椰子奶油，煮至沸腾后，转中火烹煮几分钟，直至虾肉颜色变红。
- 另起一口锅，倒入葵花籽油烧热。将葱去皮剪段，与白菜一同放入锅中翻炒至熟，保持生脆的口感，撒入盐与胡椒粉调味。

- 另起一口锅，锅中加水烧开，撒入少许盐，将天使面放入锅中烹煮约2分钟，煮至熟而不烂的程度，可参考产品外包装上的烹煮时间。
- 在两个大碗中，放入煮熟的天使面，加入鱼肉、虾肉，表面铺上白菜及香菜。

墨西哥黑豆超级碗

HARICOTS MEXICO

- 准备时间：20分钟
- 制作时间：1小时10分钟

200克西红柿

1个小洋葱

100克半盐渍的火腿肉

100克干黑豆

半根胡萝卜

半个绿尖椒

半根芹菜

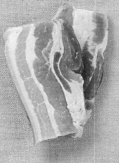

- 1汤勺橄榄油
- 500毫升鸡汤
- 半咖啡勺姜黄粉
- 2汤勺欧芹碎
- 少许胡椒粉

营养功效 BIENFAITS **NUTRITIONNELS**

- **黑豆** / HARICOTS NOIRS

  对健康非常有益的食材，如果您无法采购到黑豆，也可以使用红豆代替。黑豆富含蛋白质、粗纤维、钾元素、镁元素、叶酸盐以及维生素B_1与维生素B_3。

- **姜黄** / LE CURCUMA

  是最强大的抗氧化剂之一。

106

火腿的咸度已经足够，烹煮过程中可以不用再加盐。

制作两份超级碗　POUR **2 SUPERBOWLS**

- 前一天晚上，将黑豆泡入水中。第二天洗净并沥干水分。
- 在炖锅中倒入橄榄油烧热，倒入洋葱碎翻炒几分钟。胡萝卜去皮并切圆片，芹菜切碎，绿尖椒切碎，一同倒入锅中，翻炒5分钟，不断搅拌均匀。
- 将提前经过脱盐处理的火腿切成两块，放入锅中。西红柿切块，与鸡汤、姜黄粉、

黑豆及250毫升清水一同倒入锅中，撒入胡椒粉，加盖炖煮1个小时。
- 从锅中取出火腿。
- 将锅中剩下的混合物倒入碗中，汤汁的多少可随您喜好进行调整。放上火腿，表面撒上新鲜的欧芹碎，即可享用。

泰式超级碗

异域风情超级碗

THAÏ

● 准备时间：15分钟
● 制作时间：15分钟

200克牛里脊肉，剁碎

半个青柠檬挤汁，外加4片青柠檬片

1咖啡勺生姜

少许罗勒叶

160克印度茉莉香米

2汤勺花生碎

一段香茅

椰奶

1个红椒

一片蒜瓣

2根青葱，切段

4汤匙酱油
3汤匙芝麻油
1汤匙鱼露
少许盐、胡椒粉

营养功效　BIENFAITS **NUTRITIONNELS**

● **生姜** / GINGEMBRE

有着有趣的健康功效，它能缓解恶心，抵御传染病，抗疲劳，同时带有独一无二的香气。

制作两份超级碗 | POUR **2 SUPERBOWLS**

● 将红椒、青葱、青柠汁、鱼露与一半量的酱油搅拌均匀。

● 将椰奶与同量的清水倒入锅中煮沸，加入香米、两勺芝麻油、香茅草，撒入盐与胡椒粉，搅拌均匀后，加盖烹煮10分钟。关火后继续加盖焖煮，直至收汁。

● 与此同时，将余下的芝麻油倒入另一口锅

中烧热，加入大蒜与生姜，翻炒30秒。倒入牛肉，撒入盐与胡椒粉，翻炒5分钟。倒入剩下的酱油，继续翻炒5分钟，熄火后撒入罗勒叶，搅拌均匀。

● 将米饭盛入碗中，放入牛肉、青柠片，撒上花生碎，倒入第一步中制作的蔬菜酱汁，即可享用。

烤芝麻亚洲
炒菜超级碗

异域风情超级碗

SAUTÉ ASIATIQUE
AU SÉSAME GRILLÉ

● 准备时间：15分钟
● 制作时间：12分钟

200克去脂鸭胸肉

2片蒜瓣

200克菠菜

2汤勺芝麻

100克豆芽

100克发芽鹰嘴豆

1汤勺芝麻油
2汤勺花生油
2汤勺甜酱油
少许盐、胡椒粉

营养功效　BIENFAITS **NUTRITIONNELS**

● **鹰嘴豆** / POIS CHICHES

　　您可以在超市中购买发芽鹰嘴豆，也可以在家中自行准备，使鹰嘴豆发芽。食用发芽鹰嘴豆有着众多功效。

制作两份超级碗　POUR **2 SUPERBOWLS**

- 锅中倒入芝麻油并烧热，倒入鸭胸肉与大蒜翻炒3分钟，盛出备用。
- 倒入菠菜，炒至变软，盛出备用。
- 锅中倒入花生油，放入发芽鹰嘴豆及豆芽，

  翻炒3分钟，倒入甜酱油，继续翻炒1分钟，撒入盐与胡椒粉调味。
- 将菠菜铺在碗中，倒入发芽鹰嘴豆与豆芽，接着放入鸭胸肉，表面撒上芝麻，即可享用。

日式海鲜饭超级碗

FAÇON CHIRACHI

- 准备时间：15分钟
- 制作时间：18分钟

2汤匙米醋（如果没有米醋，也可以用酒精醋）

200克生三文鱼

4个小红萝卜

120克寿司米

20克黑芝麻

两小把豆芽

⫶ 半汤勺糖粉
⊕ 少许酱油
⫶ 少许日式芥末酱

营养功效 BIENFAITS **NUTRITIONNELS**

● **三文鱼** / SAUMON

三文鱼富含欧米伽3，可以经常食用！

● **小贴士** / CONSEILS

寿司米其实就是日本产的普通大米，只是因日本与中国的种植环境不同，导致大米的味道产生了差异。日本的寿司米较为黏糯柔软，有些像中国的糯米，所以中国的寿司大多会选择糯米来制作寿司。

选用有机养殖的三文鱼，以避免鱼肉中含有有毒的重金属。

制作两份超级碗　POUR **2** SUPERBOWLS

● 将寿司米反复清洗数次，直至淘米水呈透明色。将寿司米倒入锅中，加入200毫升清水，烹煮约18分钟直至沸腾。加盖继续焖煮10分钟。将一小勺清水倒入米醋中，并撒入白糖与食盐，混合均匀。将醋汁倒入锅中，与寿司米搅拌均匀，放凉备用。

● 将豆芽铺入两个大碗中，倒入几滴酱油。
● 三文鱼切成均匀的小块，在一半三文鱼块上撒上黑芝麻。
● 将米饭倒入碗中，将带有芝麻与没有芝麻的三文鱼间隔摆放，最后加入小红萝卜薄片及少许日式芥末酱。

加州超级碗 异域风情超级碗

CALIFORNIEN

- 准备时间：20分钟
- 制作时间：30分钟

160克印度香米

10个核桃

1个牛油果

6颗圣女果

60克罗克福奶酪碎屑

少许欧芹

160克鸡胸肉，切片

1个小红椒

半个西葫芦

半个柠檬，挤汁
2汤勺橄榄油
半片蒜瓣

营养功效 BIENFAITS **NUTRITIONNELS**

- **罗克福奶酪** / ROQUEFORT

含有蛋白质、钙质，以及大量的维生素 B_{12}，很多素食主义者的体内都会缺少这种维生素。但要注意的是，不要食用过量的罗克福奶酪，因为它含盐量高，且含有大量的脂类物质。

制作两份超级碗 | POUR 2 SUPERBOWLS

- 平底锅中倒入橄榄油，倒入鸡肉翻炒10分钟。红椒与西葫芦切块。另起一口锅，倒入橄榄油，倒入红椒块、西葫芦块与蒜末翻炒，直至蔬菜变软并上色。鸡肉与蔬菜中均撒入盐与胡椒粉调味。
- 与此同时，锅中水烧开，撒入少许盐，将米饭倒入锅中烹煮，可参考产品外包装上

的烹煮时间（约10~12分钟）。沥干备用。
- 使用叉子将牛油果肉碾碎，倒入柠檬汁、欧芹、盐与胡椒粉，搅拌均匀，备用。
- 将米饭倒入碗中，铺上鸡肉、蔬菜、对半切开的圣女果、牛油果泥、核桃块以及罗克福奶酪碎屑，即可享用。

黑米面条超级碗

异域风情超级碗

SOBA

- 准备时间：10分钟
- 制作时间：15分钟

250克黑米面条

少许芽菜

少许薄荷叶

80克豆腐

200克红豆

小半颗白菜

1个青柠檬，挤汁外加
半个青柠檬
少许橄榄油

2汤勺烤过的花生

少许盐、胡椒粉

营养功效　BIENFAITS **NUTRITIONNELS**

- **黑米面条与红豆** / NOUILLES DE RIZ ET HARICOTS ROUGES
  这个组合可以为人体提供优质的植物蛋白质。

- **豆腐** / TOFU
  是豆制品，同样含有丰富的蛋白质。

- **芽菜** / GRAINES GERMÉES
  您可以选择各种芽菜（小红萝卜、葵花籽、苜蓿……），它们是名副其实的小小维生素炸弹。

可以以芝麻油代替橄榄油，芝麻油也可完美搭配这道食谱。

制作两份超级碗　POUR 2 SUPERBOWLS

- 白菜切片，锅中倒油，放入白菜翻炒，直至软熟。
- 将白菜、煮熟的黑米面条、豆腐、红豆、青柠檬片放入碗中，表面撒上芽菜以及烤过的花生。

- 淋上大量的橄榄油以及青柠汁，撒入薄荷叶、盐与胡椒粉。

越南牛肉檬
粉式超级碗

异域风情超级碗

FAÇON BO-BUN VIETNAMIEN

- 准备时间：15分钟
- 制作时间：15分钟

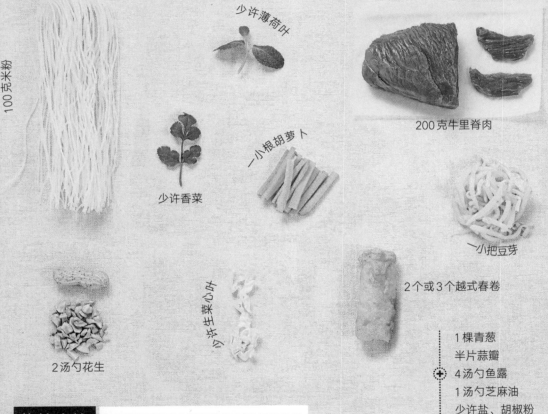

100克米粉

少许薄荷叶

少许香菜

一小根胡萝卜

200克牛里脊肉

一小把豆芽

2个或3个越式春卷

少许生菜心叶

2汤勺花生

1棵青葱
半片蒜瓣
4汤勺鱼露
1汤勺芝麻油
少许盐、胡椒粉

营养功效 BIENFAITS **NUTRITIONNELS**

- **米粉** / NOUILLES DE RIZ

  是麸质不耐受人群的理想食材。

- **薄荷叶与香菜** / MENTHE ET CORIANDRE

  薄荷叶与香菜不含热量，在促进消化的同时，亦能为超级碗提味添香。

- **小贴士** / CONSEILS

  越式春卷与中国春卷最大的不同在于饼皮不用薄面皮而是用稻米磨浆制成的米皮，馅料以虾肉、猪肉和当地蔬菜为主，是越南相当盛行的一道料理。

越式春卷可搭配越式春卷酱汁食用。

制作两份超级碗　POUR **2 SUPERBOWLS**

- 米粉放入凉水中浸泡5分钟，将其泡软。沥干后，放入煮开的水中烹煮3分钟，沥干备用。
- 与此同时，牛里脊切条，锅中倒入芝麻油，将牛肉、青葱以及大蒜放入锅中翻炒5分钟。撒入盐与胡椒粉调味。另起一口锅，放入越式春卷煎制几分钟，直至金黄。关火后，将春卷切成三段。
- 大碗中放入生菜叶片、豆芽、胡萝卜细条、薄荷叶、香菜、米粉、牛肉及越式春卷，撒上花生碎。
- 鱼露中加入两汤勺开水，混合均匀，浇在超级碗上，趁热享用。

鸡肉沙拉超级碗

异域风情超级碗

CHICKEN SALAD

- 准备时间：25分钟
- 制作时间：20分钟

少许辣度适中或辣度超强的辣椒粉

少许香菜

160克鸡胸肉，切片

6颗圣女果

1个牛油果

120克三色藜麦

两小把菠菜苗

1个青柠檬挤汁，外加一小片青柠檬
3汤勺橄榄油
2咖啡勺新鲜的厚奶油
少许盐、胡椒粉

营养功效　BIENFAITS **NUTRITIONNELS**

- **鸡肉** / LE POULET

  可以为人体提供优质蛋白质。

- **藜麦** / QUINOA

  亦被称为"印加人的大米"，含有多种矿物质元素，如铁、镁及铜等。

- 锅中水烧开，撒入少许盐，将藜麦倒入锅中烹煮，可参考外包装上的烹煮时间。沥干后放凉，撒上辣椒粉。
- 锅中倒入橄榄油烧热，倒入鸡胸肉翻炒10分钟，放凉备用。
- 将牛油果对半切开，去除果核。将其中一半切条，滴上几滴柠檬汁。
- 准备墨西哥牛油果蘸酱。使用叉子将牛油

果的另一半果肉碾碎，与香菜混合均匀，撒入盐与胡椒粉调味，备用。
- 将菠菜苗、藜麦以及余下的橄榄油倒入两个大碗中，搅拌均匀。放入鸡肉、滴有柠檬汁的牛油果、牛油果蘸酱、对半切开的圣女果、柠檬片及厚奶油。撒入盐与胡椒粉，即可享用。

颠倒超级碗

异域风情超级碗

RENVERSÉ

- 准备时间：15分钟
- 制作时间：25分钟
- 静置时间：1小时10分钟

一块鸡胸肉，切条

1 根或 2 根青葱

两朵干木耳

半颗小的白菜

2 个鸡蛋

120 克大米

一小块生姜

2 根胡萝卜

- 1 汤勺橄榄油
- 1 片蒜瓣
- 2 汤勺酱油
- 1 汤勺蚝油
- 1 咖啡勺玉米淀粉

营养功效　BIENFAITS **NUTRITIONNELS**

● **胡萝卜** / CAROTTE

　　富含维生素，其中 β−胡萝卜素不但为胡萝卜带去了好看的颜色，也能为我们起到美肤效果。

制作两份超级碗 | POUR **2 SUPERBOWLS**

- 以生姜、橄榄油、一半量的酱油及新鲜的大蒜腌制鸡肉1个小时。
- 将干木耳放入常温的清水中浸泡10分钟，然后切碎。烹煮大米10分钟，沥干后备用。
- 以大火翻炒鸡肉5分钟，备用。
- 准备酱汁。将剩余的酱油、蚝油、两勺清水、一咖啡勺玉米淀粉搅拌均匀。
- 胡萝卜切成细条，与白菜一起放入锅中翻炒

2~3分钟。浇入上述酱汁，与蔬菜混合均匀后，以大火炖煮2分钟。加入炒好的鸡肉，继续翻炒几分钟。
- 在平底锅中将鸡蛋煎熟，一个碗中放入一个鸡蛋，正面朝下放在碗底，再依次加入蔬菜、鸡肉与米饭。
- 稍稍压紧后，翻过来倒入盘中，即可享用。

50道低卡
饱腹瘦身轻食
超级碗

健康均衡的饮食

所有食材一目了然

50道简单易做的健康食谱

水果与蔬菜、谷物、香草……探索如何结合丰富多样的超级食物，以制作美味的轻食超级碗！享受制作一碗真正的全面均衡的健康佳肴，精心装点好看食物的乐趣。

轻食超级碗：越南檬粉式、排毒白泷面口味、墨西哥黑豆口味、秋天的味道口味……果昔碗：花式果昔碗、香蕉花生口味、完全椰子口味……50道食谱为您打造健康、全面、均衡的饮食！

✚附有营养建议让您了解每道食谱的营养功效